麋鹿诗话

郭耕 刘佩◎编著

北京科学技术出版社

图书在版编目（CIP）数据

麋鹿诗话 / 郭耕，刘佩编著. —北京：北京科学技术出版社，2019.8
（麋鹿故事）
ISBN 978-7-5714-0305-8

Ⅰ. ①麋⋯ Ⅱ. ①郭⋯ ②刘⋯ Ⅲ. ①麋鹿 – 介绍 Ⅳ. ①Q959.842

中国版本图书馆CIP数据核字（2019）第099997号

麋鹿诗话（麋鹿故事）

作　　者：郭　耕　刘　佩
责任编辑：韩　晖　李　鹏
封面设计：天露霖
出 版 人：曾庆宇
出版发行：北京科学技术出版社
社　　址：北京西直门南大街16号
邮政编码：100035
电话传真：0086-10-66135495（总编室）
0086-10-66113227（发行部）　0086-10-66161952（发行部传真）
电子信箱：bjkj@bjkjpress.com
网　　址：www.bkydw.cn
经　　销：新华书店
印　　刷：北京宝隆世纪印刷有限公司
开　　本：880mm × 1230mm　1/ 32
字　　数：171千字
印　　张：7.625
版　　次：2019年8月第1版
印　　次：2019年8月第1次印刷
ISBN 978-7-5714-0305-8 / Q · 164

定　　价：80.00 元（全套 7 册）

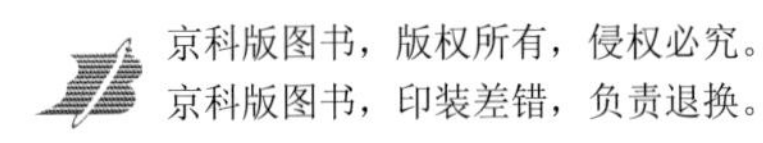

前言

麋鹿（*Elaphurus davidianus*）是一种大型食草动物，属哺乳纲（Mammalia）、偶蹄目（Artiodactyla）、鹿科（Cervidae）、麋鹿属（*Elaphurus*）。又名戴维神父鹿（Père David's Deer）。雄性有角，因其角似鹿、脸似马、蹄似牛、尾似驴，故俗称"四不像"。麋鹿是中国特有的物种，曾在中国生活了数百万年，20世纪初却在故土绝迹。20世纪80年代，麋鹿从海外重返故乡。麋鹿跌宕起伏的命运，使其成为世人关注的对象。

目录

历代名人话麋鹿

荆有云梦，犀兕麋鹿满之。

——《墨子·公输》春秋

孟子见梁惠王，王立于沼上，顾鸿雁麋鹿，曰："贤者亦乐此乎？"孟子对曰："贤者而后乐此，不贤者虽有此，不乐也。"

——《孟子·梁惠王》春秋

与麋鹿共处，耕而食，织而衣，无有相害之心。

——《庄子·盗跖》战国

毛嫱、丽姬，人之所美也；

鱼见之深入，鸟见之高飞，

麋鹿见之决骤，四者孰知天下之正色哉？

——《庄子·齐物论》战国

麋何食兮庭中？

蛟何为兮水裔？

——《九歌·湘夫人》屈原·战国

麋鹿成群，虎豹避之；

飞鸟成列，鹰鹫不击。

——《说苑·杂言》刘向·西汉

麋，鹿属。从鹿，米声。
麋冬至解其角。

——《说文解字》许慎·东汉

麋鹿游我前，猿猴戏我侧。

——《扶风歌》刘琨·西晋

万麋倾角，猛虎为之含牙；
千禽鳞萃，鸷鸟为之握爪。

——《抱朴子·博喻》葛洪·东晋

唯麋角自生至坚，
无两月之久，大者乃重二十余斤，
其坚如石，计一昼夜须生数两。
凡骨之顿成生长，神速无甚于此。

——《梦溪笔谈》沈括·北宋

泰山崩于前而色不变，

麋鹿兴于左而目不瞬。

——《心术》苏洵·北宋

麋鹿逢人虽未惯，

猿猱闻鼓不须呼。

——《浣溪沙》苏轼·北宋

况吾与子渔樵于江渚之上，侣鱼虾而友麋鹿，
驾一叶之扁舟，举匏樽以相属。

——《前赤壁赋》苏轼·北宋

夫差旧国，香径没、徒有荒丘。
繁华处，悄无睹，惟闻麋鹿呦呦。

——《双声子·晚天萧索》柳永·北宋

鹿喜山而属阳，夏至解角；
麋喜沼而属阴，冬至解角。

——《本草纲目》李时珍·明

城南二十里有囿，曰南海子，
方一百六十里……四达为门，
庶类蕃殖，鹿、獐、雉、兔，
禁民无取设海户千人守视。

——《帝京景物略》刘侗、于奕正·明

新丰野老惊心目，

缚落编篱守麋鹿。

——《海户曲》吴伟业·明末清初

重来历历忆旧游，真教见猎心犹喜。
黄羊麋鹿满平郊，捷射争夸驰騄駬。

——《白马篇》乾隆·清

南苑双柳树，
厥名亦已久。
……
岁月与俱深，
麋鹿相为友。

——《双柳树》乾隆·清

麟头豸尾体如龙，足踏祥云至九重。

四海九州随意遍，三山五岳霎时逢。

——《封神演义》中对姜子牙坐骑“四不像”的描述

古诗古词诵麋鹿

山 居

— 戴叔伦 —

麋鹿自成群，何人到白云。

山中无外事，终日醉醺醺。

山中书怀寄张建封大夫

— 秦系 —

昨日年催白发新，身如麋鹿不知贫。

时时亦被群儿笑，赖有南山四老人。

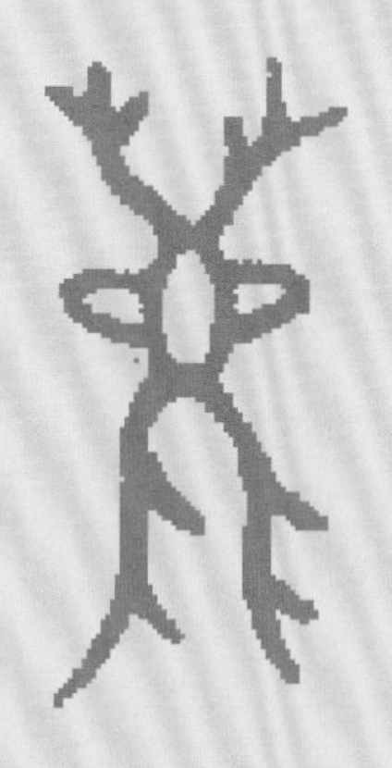

登　楼

— 顾况 —

高阁成长望，江流雁叫哀。
凄凉故吴事，麋鹿走荒台。

和杨侍郎

— 吴融 —

目极家山远，身拘禁苑深。

烟霄惭暮齿，麋鹿愧初心。

赠薛校书

— 李白 —

我有吴越曲，无人知此音。
姑苏成蔓草，麋鹿空悲吟。
未夸观涛作，空郁钓鳌心。
举手谢东海，虚行归故林。

晓 望

— 杜甫 —

白帝更声尽，阳台曙色分。
高峰寒上日，叠岭宿霾云。
地坼江帆隐，天清木叶闻。
荆扉对麋鹿，应共尔为群。

首 夏

— 白居易 —

孟夏百物滋，动植一时好。
麋鹿乐深林，虫蛇喜丰草。
翔禽爱密叶，游鳞悦新藻。
天和遗漏处，而我独枯槁。
一身在天末，骨肉皆远道。
旧国无来人，寇戎尘浩浩。
沉忧竟何益，只自劳怀抱。
不如放身心，冥然任天造。
浔阳多美酒，可使杯不燥。
湓鱼贱如泥，烹炙无昏早。
朝饭山下寺，暮醉湖中岛。
何必归故乡，兹焉可终老。

宿西林寺，早赴东林满上人之会因寄崔二十二员外

— 白居易 —

谪辞魏阙鹓鸾隔，老入庐山麋鹿随。

薄暮萧条投寺宿，凌晨清净与僧期。

双林我起闻钟后，只日君趋入阁时。

鹏鷃高低分皆定，莫劳心力远相思。

赠柏岩老人

— 钱起 —

日与麋鹿群，贤哉买山叟。
庞眉忽相见，避世一何久。
林栖古崖曲，野事佳春后。
瓠叶覆荆扉，栗苞垂瓮牖。
独歌还独酌，不耕亦不耦。
硗田隔云溪，多雨长稂莠。
烟霞得情性，身世同刍狗。
寄谢营道人，天真此翁有。

秋晓行南谷经荒村

— 柳宗元 —

杪秋霜露重，晨起行幽谷。

黄叶覆溪桥，荒村唯古木。

寒花疏寂历，幽泉微断续。

机心久已忘，何事惊麋鹿。

秋夕遣怀

— 姚合 —

昨宵白露下，秋气满山城。
风劲衣巾脆，窗虚笔墨轻。
临书爱真迹，避酒怕狂名。
只拟随麋鹿，悠悠过一生。

赠庐山钱卿

— 章孝标 —

象魏抽簪早，匡庐筑室牢。

宦情归去薄，天爵隐来高。

箧有新征诏，囊馀旧缊袍。

何如舍麋鹿，明主仰风骚。

出　关

— 杜牧 —

朝缨初解佐江濆，麋鹿心知自有群。
汉囿猎稀慵献赋，楚山耕早任移文。
卧归渔浦月连海，行望凤城花隔云。
关吏不须迎马笑，去时无意学终军。

登宛陵条风楼寄窦常侍

— 罗隐 —

乱罹时节懒登临，试借条风半日吟。
只有远山含暖律，不知高阁动归心。
溪喧晚棹千声浪，云护寒郊数丈阴。
自笑疏慵似麋鹿，也教台上费黄金。

入关历阳道中却寄舍弟

— 杜荀鹤 —

求名日苦辛，日望日荣亲。

落叶山中路，秋霖马上人。

晨昏知汝道，诗酒卫吾身。

自笑抛麋鹿，长安拟醉春。

元日有题

— 崔道融 —

十载元正酒，相欢意转深。

自量麋鹿分，只合在山林。

到蜀与郑中丞相遇

— 贯休 —

深隐犹为未死灰，远寻知己遇三台。
如何麋鹿群中出，又见鹓鸾天上来。
剑阁霞粘残雪在，锦江香甚百花开。
漫期王谢来相访，不是支公出世才。

友人寒夜所寄

— 齐己 —

通宵亦孤坐，但念旧峰云。

白日还如此，清闲本共君。

二毛凋一半，百岁去三分。

早晚寻流水，同归麋鹿群。

酬孙鲂

— 齐己 —

幽人还爱云，才子已从军。
可信鸳鸿侣，更思麋鹿群。
新题虽有寄，旧论竟难闻。
知己今如此，编联悉欲焚。

赋　山

— 令狐楚 —

山。

耸峻，回环。

沧海上，白云间。

商老深寻，谢公远攀。

古岩泉滴滴，幽谷鸟关关。

树岛西连陇塞，猿声南彻荆蛮。

世人只向簪裾老，芳草空余麋鹿闲。